BEI GRIN MACHT SICH IHR
WISSEN BEZAHLT

- Wir veröffentlichen Ihre Hausarbeit,
  Bachelor- und Masterarbeit

- Ihr eigenes eBook und Buch -
  weltweit in allen wichtigen Shops

- Verdienen Sie an jedem Verkauf

Jetzt bei www.GRIN.com hochladen
und kostenlos publizieren

Daniela Rusche

Unterrichtsstunde: „Lege-Schlau"- Herausfinden verschiedener Legemöglichkeiten, um mit geometrischen Formen unterschiedliche Quadrate zu legen

Geometrie, Klasse 1

GRIN Verlag

Bibliografische Information der Deutschen Nationalbibliothek:

Die Deutsche Bibliothek verzeichnet diese Publikation in der Deutschen National-
bibliografie; detaillierte bibliografische Daten sind im Internet über http://dnb.d-
nb.de/ abrufbar.

Dieses Werk sowie alle darin enthaltenen einzelnen Beiträge und Abbildungen
sind urheberrechtlich geschützt. Jede Verwertung, die nicht ausdrücklich vom
Urheberrechtsschutz zugelassen ist, bedarf der vorherigen Zustimmung des Verla-
ges. Das gilt insbesondere für Vervielfältigungen, Bearbeitungen, Übersetzungen,
Mikroverfilmungen, Auswertungen durch Datenbanken und für die Einspeicherung
und Verarbeitung in elektronische Systeme. Alle Rechte, auch die des auszugsweisen
Nachdrucks, der fotomechanischen Wiedergabe (einschließlich Mikrokopie) sowie
der Auswertung durch Datenbanken oder ähnliche Einrichtungen, vorbehalten.

Impressum:

Copyright © 2006 GRIN Verlag GmbH
Druck und Bindung: Books on Demand GmbH, Norderstedt Germany
ISBN: 978-3-640-38270-5

Dieses Buch bei GRIN:

http://www.grin.com/de/e-book/128561/unterrichtsstunde-lege-schlau-herausfinden-
verschiedener-legemoeglichkeiten

GRIN - Your knowledge has value

Der GRIN Verlag publiziert seit 1998 wissenschaftliche Arbeiten von Studenten, Hochschullehrern und anderen Akademikern als eBook und gedrucktes Buch. Die Verlagswebsite www.grin.com ist die ideale Plattform zur Veröffentlichung von Hausarbeiten, Abschlussarbeiten, wissenschaftlichen Aufsätzen, Dissertationen und Fachbüchern.

Besuchen Sie uns im Internet:

http://www.grin.com/

http://www.facebook.com/grincom

http://www.twitter.com/grin_com

Studienseminar für Lehrämter an Schulen

Entwurf zum 2. Unterrichtsbesuch im Fach

Mathematik

Lehramtsanwärterin: Schule:

Datum: 01. Dezember 2006

Zeit: 10.15 Uhr bis 11.00 Uhr - 3. Unterrichtsstunde

Klasse: 1 – Klassenlehrerin: Frau

Ausbildungslehrerin: Frau

Ausbildungskoordinator: Herr

Schulleiter: Herr

Fachleiterin: Frau

Hauptseminarleiterin: Frau

1. Thema und Aufbau und der Unterrichtsreihe

1.1 Thema der Unterrichtseinheit

Geometrie - handlungsorientierte Auseinandersetzung mit ebenen geometrischen Grundformen durch Erkennen, Ertasten, Unterscheiden, Legen und Zeichnen verschiedener Formen.

1.2 Thema der geplanten Unterrichtsstunde

„Lege-Schlau"- Wir finden heraus, welche Quadrate mit verschiedenen geometrischen Formen gelegt werden können. Entdecken erster Legestrategien durch sinnvolles Probieren und anschließende zeichnerische Umrandung.

1.3 Struktur der Unterrichtsreihe und Stellung der geplanten Unterrichtsstunde in der Unterrichtsreihe

1. Unterrichtsstunde:	Kennen lernen geometrischer Grundformen (Kreis, Rechteck, Quadrat und Dreieck), Zuordnung ihrer entsprechenden Begriffe und Erkennen ihrer Eigenschaften
2. Unterrichtsstunde:	Haptische Auseinandersetzung mit verschiedenen Formen und Zuordnung aufgrund ihrer Konturen. Erster handelnder Umgang mit geometrischen Formen, indem vorgegebene Figuren ausgelegt werden.
3. Unterrichtsstunde:	Produktive und kreative Auseinandersetzung mit den bekannten geometrischen Formen durch Legen von Figuren mit anschließender zeichnerischer Umrandung.
➜ **4. Unterrichtstunde:**	**„Lege-Schlau"- Herausfinden verschiedener Legemöglichkeiten, um mit geometrischen Formen unterschiedliche Quadrate zu legen**
5. Unterrichtsstunde:	Wir legen weitere Figuren, die wir umranden, damit der Partner diese auslegt. Die gefundenen Phantasiefiguren werden gemeinsam im Klassenraum aufgehängt.

1

2. Lernziele der Unterrichtsreihe

Die Schüler sollen die geometrischen Grundformen (Kreis, Dreieck, Quadrat und Rechteck) kennen lernen, indem sie sich handelnd mit diesen Formen auseinandersetzen. Durch die produktive und kreative Arbeit mit diesen Formen werden das räumliche Vorstellungsvermögen und die geometrische Denkerziehung gefördert. Darüber hinaus lernen die Kinder, geometrische Formen zu unterscheiden, zu benennen, zu ordnen und deren Eigenschaften zu beschreiben, sowie Freude an der Geometrie zu entwickeln, da neben dem handlungsorientierten auch das spielerische Arbeiten ermöglicht wird.

3. Lernziele der Unterrichtsstunde

Die Kinder sollen lernen, mit Hilfe der Ihnen bereits bekannten Grundformen (Teilen des Legespiels) eine weitere Form (Quadrat) zu legen, indem sie, (eventuell) gemeinsam mit ihrem Partner, durch systematisches, sinnvolles Probieren verschiedene Legestrategien entwickeln.

Der Schwerpunkt dieser Stunde liegt auf dem kreativen und zunehmend systematischen Probehandeln, das zu kognitiven Denkweisen führen soll. Durch den handelnden Umgang mit den Plättchen lernen die Kinder Beziehungen zwischen den Formen kennen (z.B.: dass zwei Dreiecke ein Quadrat ergeben). Des Weiteren schulen die Kinder ihr räumliches Vorstellungsvermögen, indem sie Handlungen praktisch oder gedanklich vollziehen.

Durch die handelnde Auseinandersetzung sollen die Kinder ihre Kenntnisse und Fähigkeiten im Umgang mit Formen vertiefen.

3.1 Lernziele in Bezug auf die Sachkompetenz

Indem die Kinder Figuren (erwünscht sind Quadrate) mit den Teilen des Legespiels legen und handelnd und mit Hilfe ihrer Phantasie die unterschiedlichen Formen legen, sich somit kreativ und produktiv mit den geometrischen Formen auseinander setzen, legen sie Flächen und Formen aneinander, vergleichen sie und setzen sie in Beziehung zueinander. Dadurch wird erreicht, dass die Kinder die ersten wichtigen Grunderfahrungen, wie Verschiebung, Flächengleichheit und Kongruenz machen.

Somit werden das logische Denken, die Wahrnehmungsfähigkeit und das räumliche Vorstellungsvermögen geschult.

Durch das handelnde und spielerische Arbeiten wird der Zugang zu diesem Thema erleichtert und den Kindern fällt es leichter, geometrische Grundvorstellungen zu entwickeln. Durch die Ergebnissicherung können die Kinder lernen, die gefundenen Formen zeichnerisch festzuhalten.

3.2 Lernziele in Bezug auf die Ich-Kompetenz

Jedes Kind hat die Möglichkeit, sein Vorwissen bei dem Unterrichtsgeschehen einzubringen und zu erweitern. Der spielerische und handelnde Umgang mit den geometrischen Formen erleichtert es den Schülern, Entdeckungen zu machen und sich aktiv am Unterrichtsgeschehen zu beteiligen. Durch den handlungsorientierten Unterricht werden Freude, Interesse und Motivation geweckt, was sich positiv auf den Lernerfolg auswirken sollte.

Jedes Kind erhält somit die Möglichkeit, seine Phantasie und bereits gewonnenen Kenntnisse umzusetzen.

Durch das Spiel zu Beginn der Stunde hat ebenfalls jedes Kind die Möglichkeit, sich zu beteiligen, wodurch das Interesse der Kinder geweckt wird. Hierdurch wird weiterhin erreicht, dass die Kinder auf das Thema der Unterrichtsstunde eingestimmt werden.

In der abschließenden Gesprächsrunde können die Kinder die gefundenen Ergebnisse präsentieren, beschreiben, nachlegen und verbalisieren, wie sie vorgegangen sind. Hier haben auch die Kinder, die eventuell zuvor zu keinem Ergebnis gekommen sind, die Möglichkeit auf einen Lernerfolg, indem sie die beschriebenen Formen nachlegen und somit ebenfalls die Lösung vor Augen haben.

3.3 Lernziele in Bezug auf die Sozialkompetenz

Die Kinder haben die Möglichkeit, sich beim Spiel zu Beginn der Stunde einzubringen und ihre Konzentration zu beweisen und sich bei diesem Unterrichtsabschnitt im Einhalten aufgestellter Regeln zu üben.

Mit Hilfe der Partnerarbeit, für die sich die Kinder frei entscheiden können, kann die Sozialkompetenz der Schüler gefördert werden, da jeweils zwei Schüler gemeinsam kooperativ zusammenarbeiten, sich austauschen, ergänzen und helfen können.

Der Abschlusskreis ermöglicht jedem Kind, zu lernen, den Argumenten und Lösungsvorschlägen anderer Kinder zuzuhören, sie zu akzeptieren, nachzuvollziehen und wenn möglich, zu ergänzen. Hier ist es ihnen möglich, sich mit Ideen und Hilfen einzubringen.

Darüber hinaus ist es auch hier von großer Bedeutung, einander zuzuhören und aufeinander einzugehen.

Weitere Lernchancen:

Während der gesamten Arbeit, sowohl der Arbeit mit dem Partner, als auch in der Schlussrunde, ist ein ordnungsgemäßer Umgang mit dem gestellten Material erforderlich, worin sich auch hier die Kinder über können.

Die Arbeit mit diesem Material erfordert somit die nötige Sorgfalt, aber auch die notwendige Feinmotorik, die mit diesen Übungen zudem auch geschult wird.

4. Bedingungsanalyse

4.1 Allgemeine Lehr- und Lernvoraussetzungen

Die geplante Unterrichtsstunde soll in der Klasse 1 der XXXschule in E. stattfinden. In der Klasse sind 20 Kinder (9 Jungen, 11 Mädchen) aus unterschiedlichen sozialen Schichten. Unter den Schülern sind 7 Kinder, die nicht die deutsche Staatsbürgerschaft besitzen, jedoch bis auf ein Kind die deutsche Sprache sehr gut beherrschen.

Die geplante Unterrichtsstunde wird in der 3. Schulstunde (10.15 Uhr - 11.00 Uhr) stattfinden, wodurch damit zu rechnen ist, dass die Konzentration der Erstklässler möglicherweise schon etwas abgenommen hat.

Die Kinder haben sich vor Beginn dieser Unterrichtsreihe in der Schule noch nicht mit der Geometrie im Rahmen des Mathematikunterrichts auseinandergesetzt. Aus diesem Grund kann ich zu diesem Themengebiet bislang noch keine Leistungsunterschiede zwischen den Schülern feststellen. Auch der bisherige Mathematikunterricht lässt dazu nur wenige Schlüsse zu, da die Arithmetik nicht mit der Geometrie gleichgesetzt werden kann.

Neben den geometrischen Formen und dem Umgang mit Formenkarten ist den Kindern ebenfalls die Umrandung dieser Plättchen bekannt, könnte aber für einige, aufgrund der noch nicht vollständig ausgereiften Feinmotorik, schwierig werden, bzw. das Ergebnis nicht hundertprozentig akkurat ausfallen.

Merkmale	Konsequenzen
Es handelt sich bei dieser Klasse um ein erstes Schuljahr, dessen Schüler nun seit ca. 4 Monaten die Schule besuchen. Die Kinder haben zwar bereits den Schulalltag kennen gelernt, sind aber mit vielen Situationen nicht vertraut, wie zum Beispiel dem Besuch durch eine fremde Person.	Für die geplante Unterrichtsstunde könnte das bedeuten, dass sich die Schüler eventuell verunsichern oder vom Unterrichtsgeschehen ablenken lassen. Das bedeutet für den Unterricht, dass dieser zunächst mit einer motivierenden Aufgabe beginnen sollte, um die Aufmerksamkeit auf den Unterricht zu lenken.
Die Kinder haben, wie es für Kinder einer ersten Klasse normal ist, noch einen hohen Bewegungsdrang. Zudem ist es für die Kinder nicht einfach, sich über eine lange Zeit zu konzentrieren.	Das bedeutet für den Unterricht, dass den Kindern die Möglichkeit eingeräumt wird, sich bewegen zu können und andere Orte im Klassenraum aufzusuchen. Das versuche ich durch das Aufstehen während des Spiels zu Beginn der Unterrichtsstunde und einem Stuhlkreis am Ende der Stunde zu realisieren. Ebenfalls sollten die Unterrichtsphasen nicht zu lang dauern und durch Phasenwechsel unterbrochen werden.
Wie bereits erwähnt, handelt es sich bei dieser Klasse um ein erstes Schuljahr. Hier kommt es leider noch häufig vor, dass die Schüler in die Klasse rufen, ohne sich zu melden oder sich nicht an die vereinbarten Gesprächsregeln halten.	Das hat für den Unterricht die Konsequenz, dass die aufgestellten Regeln eventuell wiederholt werden und die Kinder auf ihre Fehler aufmerksam gemacht werden müssen.

4.2 Individuelle Lehr- und Lernvoraussetzungen

Bei der Unterrichtsplanung sind ebenfalls die individuellen Vorraussetzungen der Schüler zu berücksichtigen.

Merkmale	Konsequenzen
XXX ist ein Schüler der Klasse 1, der das erste Schuljahr bereits zum zweiten Mal besucht. Da er diesen Unterrichtsstoff bereits kennt, kann er sich gut und oft beteiligen. Jedoch fällt er sehr oft durch sein Verhalten auf, was sich dadurch äußert, dass er laut in die Klasse ruft, unkontrollierte Geräusche von sich gibt, die er nur schwer unterdrücken kann oder destruktive Handlungen vollzieht und damit oft das Unterrichtsgeschehen stört. Während dieser „Phasen" hat er keinerlei Respekt vor Mitschülern oder Lehrpersonen, und verweigert jegliche Arbeit.	Für die geplante Unterrichtsstunde bedeutet das, dass XXX möglichst oft zu Wort kommen sollte, um somit den Druck des Redenwollens von ihm zu nehmen. Ebenfalls ist eine vermehrte positive Verstärkung bei gewünschtem Verhalten erforderlich. Sollte dies jedoch nicht ausreichen, werde ich versuchen, eindringlich, ruhig und liebevoll mit ihm über dieses Fehlverhalten zu sprechen und ihn zur Weiterarbeit zu motivieren.
XXX ist verspätet in die Klasse gekommen und hat die libanesische Staatsbürgerschaft. Er kam in die Klasse, ohne jegliches Wissen von Zahlen und Buchstaben zu haben und ohne diese mit Inhalten füllen zu können, da er nie einen Kindergarten besucht hat. Dazu kommt ebenfalls, dass er die deutsche Sprache nur sehr schlecht beherrscht und aus diesem Grund auch nur sehr wenig spricht.	XXX bekommt zunächst die gleiche Aufgabe, wie seine Mitschüler und darf versuchen, dieser nachzugehen. Sollte ich jedoch bemerken, dass er diese Aufgabe auch mit Hilfe seines Partners nicht bewältigen kann, und die Mindestanforderung nicht erreicht, bekommt er ein einfacheres Arbeitsblatt Möglich ist jedoch, dass er die Inhalte im Bereich der Geometrie besser nachvollziehen und umsetzen kann. Auch die Arbeit mit dem Partner kann ihm hierbei helfen. Darum werde ich seine Arbeit und seine Lernfortschritte in

	den nächsten Tagen beobachten und für ihn gegebenenfalls differenzierte Aufgaben haben.
XXX ist ein thailändisches Mädchen in dieser Klasse, die ebenfalls die erste Klasse zum zweiten Mal besucht. Sie gehört in der Klasse zu den leistungsstärksten Schülern und ist mit ihren Arbeiten sehr schnell fertig.	Ihre schnelle und korrekte Arbeit erfordert es, ansprechendes Zusatzmaterial anbieten zu können.
XXX gehört neben sechs weiteren Kindern zu den Kindern mit Migrationshintergrund und hat die libanesische Staatsbürgerschaft. Sie gehört zu den leistungsschwächeren Kindern dieser Klasse und benötigt noch oft Hilfestellungen.	Für sie wird es hilfreich sein, die Arbeit mit einem Partner gemeinsam zu lösen, um hier ein wenig Hilfestellung zu bekommen. Des Weiteren können auch die bereitliegenden Tippkarten für sie hilfreich sein. Ich werde darum für sie, wie für jeden anderen Schüler auch, als Ansprechpartner zur Verfügung stehen und versuchen, ihre Arbeit im Blick zu haben.

5. Didaktische Schwerpunktsetzung

5.1 Sachanalyse

Der Unterrichtsgegenstand der geplanten Unterrichtsstunde wird die Arbeit mit dem Legespiel „Lege-Schlau" sein, wobei es sich hierbei um eine variierte Form handelt. Das Spiel wird vier Teile haben, die aus einem quadratischen Stück Karton (Kantenlänge 10 cm) geschnitten werden. Durch einfaches Halbieren des Quadrates erhält man das erste Teil, ein Rechteck. Nun kann man aus dem verbleibenden Rechteck drei rechtwinklige Dreiecke schneiden, indem man einen Schnitt von einer Ecke bis zur Mitte der gegenüberliegenden Seite durchführt. Führt man diesen Schritt ebenfalls auf der anderen Seite des Rechtecks durch, so erhält man zwei gleichgroße Dreiecke und ein größeres

Dreieck, wobei zu bemerken ist, dass die Form des größeren Dreiecks aus den zwei kongruenten kleinen Dreiecken gelegt werden kann.

Beim Legen unterschiedlicher Formen ist zu beachten, dass sich die Teile berühren, aber nicht überschneiden dürfen. Daneben muss stets mehr als eine Form verwendet werden, es müssen jedoch nicht zwangsweise alle Teile benutzt werden.

Die Kinder bekommen die Aufgabe, mit Hilfe dieser geometrischen Teile ein oder mehrere Quadrate zu legen. Durch diesen handelnden Umgang sollen sie einen Zugang zur Geometrie finden, was bislang im Mathematikunterricht der Grundschule noch nicht thematisiert wurde. Durch kombinieren und ausprobieren sollen geometrische Formzusammenhänge erkannt und verbalisiert, sowie eigene Lösungswege erschlossen werden.

5.2 Didaktische Analyse

Da das Thema Geometrie bislang noch kein Unterrichtsgegenstand im Mathematikunterricht dieser Klasse war, bringen die Kinder das Vorwissen nur aus dem Kindergarten und dem Elternhaus mit. Viele Kinder bringen bereits ein Basiswissen bezogen auf geometrische Formen mit und können diese benennen, unterscheiden und beschreiben. Einigen Kindern jedoch sind diese Formen nur unzureichend bekannt. Aus diesem Grund muss hier der Geometrieunterricht anknüpfen und neues Wissen mit den Vorerfahrungen verbinden.

Daneben können die Kinder auf entdeckender Weise lernen, was, wie beim handelnden Lernen, in den meisten Fällen, einen besseren Lernerfolg zur Folge hat.

Auch im Lehrplan nimmt der Geometrieunterricht in der Grundschule einen wichtigen Teil ein.

Mit Hilfe dieser Unterrichtsstunde werden „die Eigenschaften von geometrischen Objekten (ebenen Figuren und Körpern) und die Wirkung von geometrischen Operationen (Zerlegen und Zusammensetzen, [...] Drehen,...) zunehmend besser erfasst."[1]

---

[1] Ministerium für Schule, Jugend und Kinder des Landes Nordrhein- Westfalen: Richtlinien und Lehrpläne zur Erprobung für die Grundschule in Nordrhein- Westfalen. Mathematik. Ritterbach Verlag. Düsseldorf 2003. S.: 79.

Wie bereits erwähnt, ist die Feinmotorik der Kinder noch nicht vollständig ausgereift, was vor allem beim Zeichnen festzustellen ist. Doch mit Hilfe der Unterrichtsstunde können sich die Kinder auch in diesem Bereich trainieren, was der Lehrplan ebenfalls vorschreibt.

Die geplante Unterrichtsstunde, als Teil der Reihe, zeigt somit die Unterrichtsgegenstände, die im Lehrplan für die Klasse 1 und 2 gefordert werden: „Grundformen (Rechteck, Quadrat, Dreieck, Kreis) in der Umwelt entdecken, benennen, herstellen (legen, bauen), untersuchen, beschreiben, vergleichen und ebene Figuren und einfache Muster legen, zerlegen, zusammensetzen, fortsetzen und beschreiben)". [2]

5.3 Methodische Analyse

Die methodische Vorgehensweise wird im Stundenverlaufsplan deutlich. Aus diesem Grund möchte ich hier nur einige kurze Anmerkungen machen.

Ich habe mir lange Gedanken darüber gemacht, die Stunde mit einem Stuhlkreis zu beginnen. Da jedoch die Tafel mit einbezogen werden soll, und die Kinder einen Theaterkreis noch nicht kennen, verzichte ich an dieser Stelle lieber darauf. Stattdessen sollen die Schüler für das Spiel aufstehen, um hier noch ein wenig Bewegung zu haben.

In der Arbeitsphase ist es den Kindern freigestellt, allein oder mit dem Partner zu arbeiten. So soll eine Partnerarbeit angebahnt werden. Grund dafür ist, dass die Schüler noch nicht routiniert genug sind, mit dem Partner zu arbeiten. Um so einen Lernfortschritt für jeden Schüler zu gewährleisten, ist die Arbeit mit dem Partner keine Pflicht.

Die Schüler kennen bereits die Zuhilfenahme von Tippkarten. Wenn es die Zeit zulässt, möchte ich in der Schlussrunde auf diese Hilfe zu sprechen kommen.

Ich möchte noch anmerken, dass mir bewusst ist, dass die Kinder die Ergebnisse aufzeichnen, doch habe ich auf dem Arbeitsblatt den Auftrag gegeben: „Male auf!". Das habe ich aus dem Grund gemacht, da die Schüler das Wort „zeichne" nur schwer lesen und verstehen können.

---

[2] ebd. S.: 80.

6. Verlaufsplan der Unterrichtsstunde

Zeit und Unterrichtsphasen	Handlungsschritte	Medien/ Sozialform	Bemerkungen Methodik
Begrüßung ca. 5 Minuten	- evtl. Warten, bis das Frühstück beendet wurde - Vorstellung der Seminarleitung - Ziel- und Verlaufstransparenz	- Tafel - Plenum	Die Kinder benötigen oft etwas mehr Zeit, nachdem sie aus der Pause gekommen sind, um die Schuhe zu wechseln und das Frühstück wegzuräumen. Es folgt eine Erläuterung des Stundenverlaufs durch die Schüler und des Stundenziels durch die Lehramtsanwärterin (LAA).
Einstiegsphase ca. 13 - 15 Minuten	Die Stunde beginnt mit einem Spiel, mit der bekannten Aufforderung: „Ich sehe was, was Du nicht siehst, und das hat die Form eines..." Dieses Spiel wird einige Male wiederholt, evtl. auch durch die Kinder. Nach diesem Spiel stellt die LAA eine Fühlkiste bereit, die 3 geometrische Formen enthält. Diese werden von Schülern an die Tafel geheftet. Nach der Frage, (im besten Fall ist diese nicht nötig) fällt den Kindern auf, dass das Quadrat fehlt. Als Übergang zur Arbeitsphase gibt die LAA den Arbeitsauftrag, mit gezeigten Teilen, die jedes Kind bekommt, verweist auf die	- Plenum - Klassenraum und dessen Gegenstände - Fühlkiste - Formen aus Pappe - 1 AB - 4 Legeplättchen	Durch das Spiel werden die Kinder auf das Thema eingestimmt. Für das Spiel stellen sie sich hinter ihre Stühle, um sich umdrehen zu können. So ist ein wenig Bewegung gewährleistet. Ein weiterer Zweck des Spiels ist, die Kinder zu motivieren und zum Mitmachen anzuregen. Durch die Fühlkiste wird Spannung erzeugt. Die geometrischen Formen sollen zur Übersicht an der Tafel gesammelt werden. Doch hier schließt sich nun das Problem an, dass das Quadrat fehlt. Indem die LAA die Schüler um Hilfe bittet, haben diese einen Anreiz, zu arbeiten und probieren.

10

Phase	Verlauf	Material	Kommentar
	Tippkarten und verteilt ein Blankoblatt für die Ergebnisse. Mögliche Fragen werden geklärt.		
Arbeitsphase ca. 15 Minuten	Die Kinder können gemeinsam mit ihrem Tischnachbarn oder alleine arbeiten und versuchen, die gewünschte Form zu legen. Im Anschluss zeichnen sie die Umrisse der Formen auf. Mit dem Ertönen der Glocke (akustisches Signal) soll die Arbeit beendet werden. Sollten Kinder die Aufgaben vor Ablauf der Zeit beendet haben, bekommen sie ein zusätzliches Legeplättchen, das die übrigen Teile ergänzt. Die Aufgabe ist auch hier wieder die gleiche.	- Einzel- oder Partnerarbeit - 1 AB - je 4 Legeplättchen - für die Aufzeichnung ist ein Stift notwendig - Tippkarten - ein zusätzliches Legeplättchen für Schnelle	Die Kinder können in Partnerarbeit arbeiten und sich so gegenseitig helfen und ergänzen. Die PA ist jedoch keine Pflicht, sie wird hier angebahnt, da die Kinder in dieser Arbeitsweise noch nicht routiniert sind und ich befürchte, dass sonst der Lernfortschritt möglicherweise nicht für jedes Kind gewährleistet ist. Falls die Kinder keine Lösung finden sollten, können sie auf Tippkarten zurückgreifen, die an der Tafel hängen. Die Lehramtsanwärterin hat nun Zeit, sich den Schülern zu widmen, falls Probleme oder Fragen auftauchen.
Abschlussbesprechung/ Reflexion ca. 10 Minuten	Die Arbeitsphase wird beendet und die Kinder kommen im Stuhlkreis vor der Tafel zusammen. Nun liegen in der Mitte des Kreises die bekannten Legeplättchen in größerer Form. Mit diesen können nun einige Kinder ihre Ergebnisse präsentieren. Die Zuhörer haben hier die Möglichkeit, sich zu den Ergebnissen und evtl. Präsentationen der anderen zu äußern oder diese zu ergänzen. Zum Schluss können nun die Formen an der Tafel um das Quadrat ergänzt werden.	- Stuhlkreis - evtl. bearbeitete Arbeitsblätter - Legekarten - Tafel	Die Kinder haben jetzt die Möglichkeit, ihre Ergebnisse zu präsentieren. Die anderen Schüler haben jetzt die Möglichkeit, die beschriebenen Schritte nachzuvollziehen oder ihre Vorgehensweise zu beschreiben. Eventuell erfolg ein Impulse für einen Gesprächsanfang durch die LAA Gegebenenfalls erfolgt eine Erinnerung an die Gesprächsregeln. Eventuell werden die Tippkarten in die Gesprächsrunde einbezogen.

7. Literaturliste

- Bauer, R., Maurach, J.: Einstern 1. Mathematik für Grundschulkinder. Themenheft 1:Die Zahlen von 1-6 / Geometrie. Cornelsen Verlag. Berlin 2004.

- Haller, W., Schütte, S.: Die Matheprofis 1. Lehrermaterialien. Oldenbourg Schulbuchverlag. München, Düsseldorf, Stuttgart 2004.

- Maier, P.-H. (Hrsg.): Nussknacker Lehrerband. Band 1. Ernst Klett Grundschulverlag. Leipzig 2004.

- Ministerium für Schule, Jugend und Kinder des Landes Nordrhein- Westfalen: Richtlinien und Lehrpläne zur Erprobung für die Grundschule in Nordrhein- Westfalen. Mathematik. Ritterbach Verlag. Düsseldorf 2003.

- Radatz, H., Schipper, W., Ebeling, A., Dröge, R.: Handbuch für den Mathematikunterricht. 1. Schuljahr. Schroedel Verlag. Hannover 1996.

8. Materialliste

- Fühlkiste mit Pappformen (Dreieck, Kreis, Rechteck)
- Legeplättchen (Rechteck, 1 mittleres Dreieck, 2 kleine Dreiecke, evtl. 1 großes Dreieck für die Schnelleren)
- Arbeitsblatt
- Tippkarten mit Magneten
- Legeplättchen zur Demonstration
- Legeplättchen der Kinder mit Magneten auf der Rückseite

9. Anhang

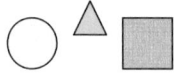 # Formen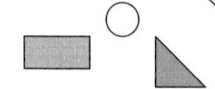

Name:_____ Klasse:_____
Datum:_____

 Male deine Lösungen auf!